**Bibliografische Information der Deutschen Nationalbibliothek:**

Die Deutsche Bibliothek verzeichnet diese Publikation in der Deutschen Nationalbibliografie; detaillierte bibliografische Daten sind im Internet über http://dnb.d-nb.de/ abrufbar.



**Impressum:**


Druck und Bindung: Books on Demand GmbH, Norderstedt Germany
ISBN: 9783668658981

**Dieses Buch bei GRIN:**

https://www.grin.com/document/415719

**Maximilian Piaszinski**

# Entstehung und Ortung von Schwarzen Löchern

GRIN Verlag

# Leibniz-Gymnasium Potsdam

**Städtische Schule Potsdam**

---

**Facharbeit im Fach:** Physik

**Klasse 9**

**Schuljahr 2016/2017**

**Name des Schülers:** Maximilian Piaszinski

**Thema:**

# Entstehung und Ortung von Schwarzen Löchern

# Inhaltsverzeichnis

# 1. Einleitung

Schwarze Löcher gehören wohl zu den bizarrsten Objekten der Astrophysik.[1] Es handelt sich dabei um kompakte Objekte im Universum, die aufgrund ihrer enormen Dichte bzw. Masse in ihrer Umgebung eine so starke Gravitation erzeugen, „dass weder Materie noch Licht aus dieser Region nach außen gelangen können“.[2]

Der Begriff „Schwarzes Loch“ bzw. „Black Hole“ wurde erstmals 1967 durch den Relativitätstheoretiker John Archibald Wheeler etabliert.[3] Der Begriff fasst folgende Eigenschaften dieser Objekte zusammen: Zum einen kann Materie in das Raumgebiet dieser Objekte nur hineinfallen, aber nicht wieder hinausgelangen („Loch“). Auch elektromagnetische Wellen wie sichtbares Licht können sich der Anziehungskraft nicht entziehen und werden eingeschlossen, weshalb das Objekt für unsere Augen „schwarz“ ist.

Die Faszination Schwarzer Löcher ist maßgeblich darin begründet, dass sie in unserer gegenwärtigen Vorstellung faktisch das Ende der Materie und damit eine Grenze im Universum darstellen. So erscheint es zunächst schwer vorstellbar, dass es Schwarze Löcher gibt, die alles um sich herum verschlingen. Andererseits gibt es ist in der modernen Astrophysik kaum noch einen Zweifel an der Existenz Schwarzer Löcher.

Die nachfolgende Facharbeit verfolgt das Ziel, das Phänomen „Schwarze Löcher“ auf eine verständliche Art und Weise zu beschreiben. Der Fokus liegt dabei auf der Entstehung und der Ortung dieser Phänomene.

Bei Schwarzen Löchern handelt es sich um Überreste von Sternen. Um zu verstehen, unter welchen Voraussetzungen sich Sterne überhaupt zu Schwarzen Löchern entwickeln, wird deshalb im ersten Teil der Arbeit zunächst der Lebenszyklus von Sternen dargestellt (Kapitel 2).

Im zweiten Teil werden die Eigenschaften und Strukturen Schwarzer Löcher näher beschrieben (Kapitel 3) und darauf aufbauend die Nachweis- und Ortungsverfahren, die in der heutigen Astrophysik zur Identifikation und Untersuchung dieser Phänomene angewandt werden (Kapitel 4).

# 2. Entstehung Schwarzer Löcher

## 2.1. Die Geburt von Sternen

In unserem Universum entstehen seit Milliarden von Jahren neue Sterne. Der Prozess der Sternentstehung kann heute noch in Sternentstehungsregionen wie dem Orionnebel oder dem Adlernebel beobachtet werden.[4]

Sterne bilden sich aus interstellaren Gas- und Staubwolken, die hauptsächlich aus molekularem Wasserstoff ($H_2$) bestehen.[5] Derartige Gaswolken können sich über Entfernungen mit

---

[1] Vgl. Müller, Andreas: Schwarze Löcher. Das dunkelste Geheimnis der Gravitation, Ziff. 1, Web-Artikel in Astronomie Wissen, April 2007, URL: http://www.spektrum.de/astrowissen/astro_sl.html (Stand: 22.01.2017).
[2] Vgl. Kosmologie für Eilige, URL: http://kosmologie.fuer-eilige.de/schwarzes_loch.htm (Stand: 22.01.2017).
[3] Vgl. Faustmann, Cornelia: Schwarze Löcher. Rätselhafte Phänomene im Weltall, Wien 2008, S. 154.
[4] Vgl. Faustmann, a.a.O., S. 13.

einem Durchmesser von etwa 33 Lichtjahren erstrecken; ihre Masse beträgt 10 bis 10.000 Sonnenmassen und ihre Temperatur 10 Kelvin (10 Grad über dem absoluten Nullpunkt von -273,15 Grad Celsius).[6] Die äußerst geringe Temperatur in der Gaswolke führt dazu, dass die Bewegungsenergie der Wasserstoffmoleküle zu gering ist, um sich voneinander zu entfernen. Stattdessen können sich die Teilchen ihrer gegenseitigen Schwerkraft bzw. Gravitation nicht mehr entziehen und ziehen sich vielmehr zusammen – die Gaswolke kollabiert.[7] Die Forschung geht davon aus, dass es neben der Eigengravitation für den Kollaps von Gaswolken bestimmter weiterer Auslöser bedarf.[8] Dies könnten beispielsweise Druckwellen sein, die durch Sternenexplosionen, sog. Supernovae, ausgelöst wurden, oder auch der Strahlungsdruck, der von anderen bereits existierenden Sternen ausgeht.[9]

Infolge des Kollapses erhöht sich die Gasdichte und damit auch die Undurchlässigkeit der Gaswolke für Strahlung. Im Ergebnis kommt es im Zentrum der kollabierenden Gaswolke zu einem Anstieg der Temperatur.[10] In diesem Gebiet entsteht ein sog. **Protostern**, der Vorläufer eines eigentlichen Sterns.[11] Dieser erhitzt sich durch den permanenten Zufluss von weiterer Materie bzw. weiteren Wasserstoffmolekülen immer weiter. Bei einer Temperatur von ca. 2.000 Kelvin kommt es dann zu einer Aufspaltung (Dissoziation) der Wasserstoffmoleküle in Wasserstoffatome ($H_2 \rightarrow 2H$).

Das Zentralgebiet der Gaswolke kontrahiert langsam weiter. Masse, Druck und Temperatur im Inneren des Protosterns steigen weiter an, bis ab einer Temperatur von etwa zehn Millionen Kelvin die Wasserstoffatomkerne zu Heliumatomkernen verschmelzen (**Kernfusion**).[12] Dabei verbinden sich vier Wasserstoffkerne zu einem Heliumkern (vgl. Abb. 1).

Der Prozess der Verbindung bzw. Kernfusion von Wasserstoff zu Helium im Inneren von Sternen wird als **Wasserstoffbrennen** bezeichnet. Bei dieser Reaktion werden Gammastrahl-Photonen freigesetzt.[13] Mit anderen Worten: es entsteht Wärme und die freiwerdende Energie wird in das Universum abgestrahlt und bringt den Stern überhaupt erst zum Leuchten.[14]

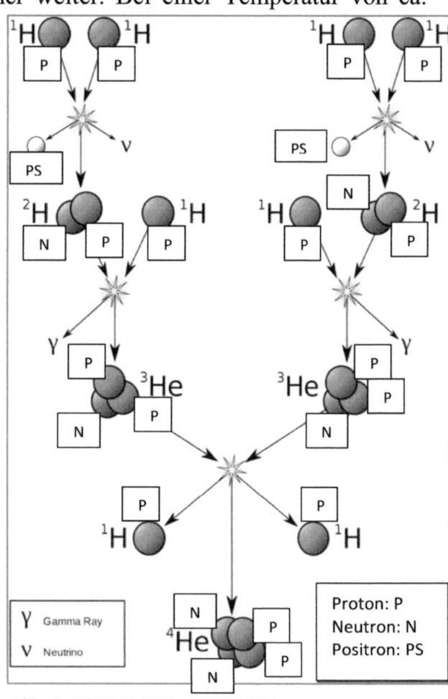

*Abb. 1: Schema der Proton-Proton-Reaktion*

[5] Ebd.
[6] Ebd.
[7] Ebd. S. 16; Vgl. Sagan, Carl: Unser Kosmos. Eine Reise durch das Weltall, München 1989, S. 237.
[8] Vgl. Faustmann, a.a.O., S. 15/16; Sagan, a.a.O., S. 238.
[9] Vgl. Faustmann, a.a.O., S. 16.
[10] Ebd. S. 17.
[11] Ebd.
[12] Ebd. S. 18; Vgl. Sagan, a.a.O. S. 237.
[13] Vgl. Sagan, a.a.O. S. 237.
[14] Vgl. Hawking, Stephen & Mlodinow, Leonhard: Die kürzeste Geschichte der Zeit, Reinbek bei Hamburg 2006, 8. Auflage 2015, S. 89.

Mit dem Einsetzen der Kernfusion kommt der durch Eigengravitation hervorgerufene Kollaps der Gaswolke zum Stillstand. Ursächlich hierfür ist, dass durch die infolge der Kernfusion freiwerdende Energie bzw. Hitze ein Gegenpol zur Eigengravitation aufgebaut wird. Die hohen Temperaturen und der enorme Druck, die im Inneren des Sterns als Folge der hier stattfindenden Kernreaktionen entstehen, halten das Gewicht der äußeren Schichten des Sterns faktisch aufrecht.[15] Der Stern befindet sich im sog. **hydrostatischen Gleichgewicht**, einem Zustand, in dem „alle auf ihn wirkenden Kräfte im Gleichgewicht stehen“[16], vgl. auch Abb. 2. Dabei wird der *Gravitationsdruck* ($p_{grav}$), der auf eine Verkleinerung des Sterns infolge der Schwerkraft gerichtet ist, durch gegenläufige Drücke, die auf eine Vergrößerung des Sterns gerichtet sind, ausgeglichen bzw. kompensiert. Bei diesen gegenläufigen Kräften handelt es sich um den *Zentrifugaldruck* ($p_{zentri}$), der den Stern aufgrund seiner Rotation aufbläht; den *Gasdruck* ($p_{gas}$) der heißen Teilchen im Inneren des Sterns und den *Strahlungsdruck* ($p_{rad}$) der im Inneren des Sterns durch die Kernfusion freiwerdende Strahlung.[17]

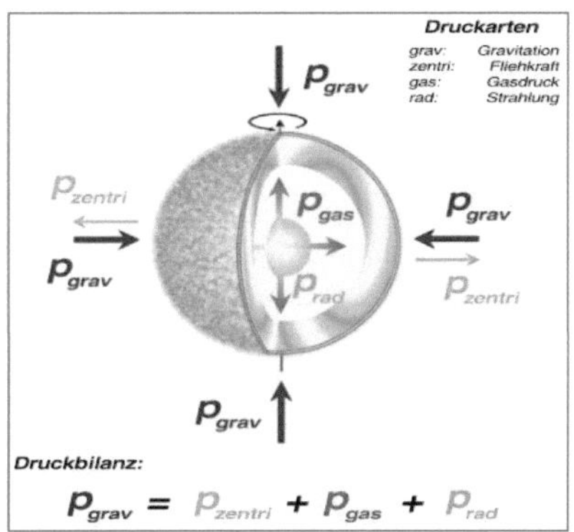


Abb. 2: Hydrostatisches Gleichgewicht eines Sterns

Die Sterne verbleiben vergleichsweise lange in diesem stabilen Gleichgewichtszustand, verbrennen Wasserstoff zu Helium und emittieren Licht ins All. Sterne in diesem Stadium werden als sog. **Hauptreihensterne** bezeichnet.

## 2.2. Der Rote Riese

Die Dauer des Wasserstoffbrennens ist durch die Masse des Sterns, also seinen Vorrat an Wasserstoff, begrenzt. Interessant ist dabei, dass ein Stern seinen Wasserstoffvorrat umso schneller zu Helium verbrennt, je schwerer er ist. Denn umso mehr Masse ein Stern hat, umso heißer muss er sein, um seine Gravitationskraft auszugleichen und umso schneller sind seine Brennstoffvorräte verbraucht.[18] Der Wasserstoffvorrat unserer Sonne wird wohl noch etwa fünf Milliarden Jahre reichen; massereichere Sterne können dagegen schon nach hundert Millionen Jahren ihren Brennstoff verbraucht haben.[19]

Sobald sich der ganze Wasserstoff im Kern des Sterns in Helium umgewandelt hat, verlagert sich die Zone des Wasserstoffbrennens nach und nach in die äußeren Schichten des Sterns, bis ein Punkt erreicht wird, an dem die Temperaturen unter zehn Millionen Kelvin absinken und die Wasserstofffusion von allein endet.[20]

Parallel dazu kommt es infolge der Eigengravitation im Inneren des Sterns zu neuen Kontraktionen des heliumreichen Kerns. Der damit verbundene Temperatur- und Druckanstieg führt

---

[15] Vgl. Sagan, a.a.O. S. 237.
[16] Vgl. Müller, Andreas: Schwarze Löcher. Die dunklen Fallen der Raumzeit, Heidelberg 2010, S. 24.
[17] Ebd. S. 24/25.
[18] Vgl. Hawking & Mlodinow, a.a.O., S. 89.
[19] Ebd.
[20] Vgl. Sagan, a.a.O. S. 243.

zu einer zweiten Runde der Kernfusion – dem **Heliumbrennen** bzw. der Fusion von Helium-Atomkernen zu Kohlenstoff-Atomkernen.[21] Dieser Prozess liefert dem Stern erneut Energie zur Aufrechterhaltung seines hydrostatischen Gleichgewichts und ermöglicht ein Weiterscheinen.

Unter dem Einfluss des Wasserstoffbrennens in einer dünnen und weit vom Kern entfernten Schale und dem Heliumbrennen im Sterninneren dehnt sich der Stern stark aus. Zugleich nimmt die Oberflächentemperatur an der Außenschale des Sterns ab und die ausgesandte Strahlung des Sterns geht in den rötlichen Bereich über. Sterne in diesem Stadium werden deshalb als **Roter Riese** bezeichnet.[22]

Voraussetzung für den Eintritt des Heliumbrennens ist eine Mindest-Masse des Sterns, diese muss mindestens eine halbe Sonnenmasse betragen.[23] Für Sterne mit bis zu acht Sonnenmassen ist die Phase des Heliumbrennens zugleich der letzte Kernfusionsprozess.[24]

Nach dem Auslaufen der Heliumfusion ist die äußere Hülle des Sterns aus Wasserstoff und Helium nur noch schwach mit dem Kern verbunden, sie breitet sich als **Planetarischer Nebel** ins All aus. Der aus Kohlenstoff und Sauerstoff bestehende Kern ist ein kleiner heißer Stern, ein sog. **Weißer Zwerg** mit einem Radius von einigen tausend Kilometern, aber eine mittleren Dichte von Hunderten von Tonnen pro Kubikzentimeter[25], der nach und nach ausglüht und erkaltet, bis er ein dunkler bzw. **Schwarzer Zwerg** ist.

## 2.3. Entwicklung massereicherer Sterne

Je massereicher ein Stern ist, umso länger ist er in der Lage, durch weitere Kernfusionsreaktionen immer schwerere Element zu bilden. Bei Sternen mit einer Anfangsmasse von mehr als acht Sonnenmassen schließen sich nach dem Heliumbrennen weitere **Fusionsketten** an, in deren Verlauf immer schwerere Elemente erzeugt werden.[26] Der Phase der Heliumfusion schließen sich so die Phasen des Kohlenstoff-, Neon-, Sauerstoff und Siliziumbrennens an.[27] Sobald in einer bestimmten Phase der Brennstoff verbraucht ist, kommt es zu einem Rückgang des nach außen wirkenden thermischen Drucks und zu einer stärkeren Kontraktion im Inneren des Sterns, die erst dann wieder endet, wenn infolge des damit verbundenen Temperaturanstiegs eine weitere Brennphase möglich bzw. eingeleitet wird.[28] Die zuvor im Inneren des Sterns ablaufenden Brennphasen werden in weiter außenliegenden Gebieten des Sterns fortgesetzt, der Stern erhält eine „Zwiebelschalenstruktur",[29] vgl. Abb. 3.

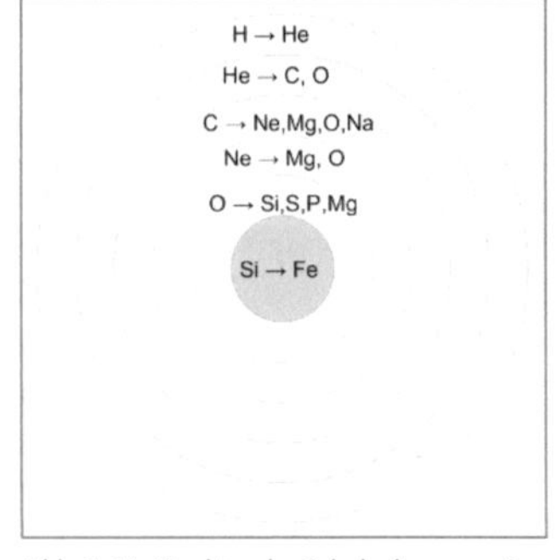


*Abb. 3: Die Struktur des Schalenbrennens in massereichen Sternen*

---

[21] Ebd.
[22] Vgl. Faustmann, a.a.O., S. 25.
[23] Ebd.
[24] Ebd. S. 26.
[25] Ebd. S. 31.
[26] Vgl. Müller, Andreas: Schwarze Löcher. Die dunklen Fallen der Raumzeit, Heidelberg 2010, S. 26.
[27] Vgl. Faustmann, a.a.O., S. 27.
[28] Ebd.

Die einzelnen Brennphasen laufen dabei immer schneller ab: während die Fusion von Wasserstoff zu Helium etwa 10 Millionen Jahre (für Sterne von 10 Sonnenmassen) bis zu 10 Milliarden Jahren (wie etwa bei unserer Sonne) dauert, dauert das Heliumbrennen nur noch ein Zehntel dieser Zeit. Das Kohlenstoffbrennen dauert nur noch wenige hundert Jahre an, das Neon- und Sauerstoffbrennen sogar nur wenige Jahre. Für die letzte Fusion, bei der Eisen entsteht, werden dagegen nur noch wenige Stunden bis Tage benötigt.[30]

Schwerere Elemente als Eisen können in Sternen nicht entstehen. Wenn der Fusionsprozess zu Eisen abgeschlossen ist, bricht die Fusionskette endgültig ab. Die extrem hohen Temperaturen sowie der gewaltige Druck, der im Eisenkern des Sterns vorherrscht, führen zu einer Zwangsverschmelzung der Elektronen mit den Protonen; dabei heben sich die elektrischen Ladungen gegenseitig auf.[31] Im Sterninneren existieren nur noch Neutronen, man spricht deshalb von einem **Neutronenstern**.[32] Dieser wiegt bei einer Ausdehnung von wenigen zehn Kilometern 1,4 bis 3 Sonnenmassen.

Unter der Schwerkraftwirkung des Kerns rasen die äußeren Schichten des Sterns auf den Neutronenstern zu, prallen an seiner harten Oberfläche ab und werden zurück ins All geschleudert. Der Stern explodiert also förmlich. Die ins All zurückfliegenden Sternschichten führen zu einer extremen Ausdehnung der Oberfläche des Sterns und damit auch seiner Leuchtkraft.[33] Dieser Vorgang wird als **Supernova** bezeichnet. Eine Supernova leuchtet so hell wie Milliarden von Sternen.

### 2.4. Schwarze Löcher

Beim Kollaps eines Sterns mit einer Restmasse von mehr als drei Sonnenmassen entsteht ein ultimativ kompaktes Objekt, das einen Neutronenstern in Kompaktheit und Masse noch übertrifft. Da in diesem Fall auch der Neutronendruck keine beständige Gegenwirkung zur Gravitation mehr bilden kann, kollabiert der Stern immer weiter bis zu einem fast punktförmigen Zustand – es entsteht ein **Schwarzes Loch**. Der Zusammenfall und die sich anschließende Explosion des Sterns laufen dabei ähnlich ab wie bei der Entstehung eines Neutronensterns, aufgrund der höheren Restmasse des Sterns ist die Explosion noch heftiger und leuchtkräftiger und wird deshalb als **Hypernova** bzw. als langzeitiger Gammastrahlenausbruch (kurz auch GRB für *Gamma-Ray Burst*) bezeichnet[34] (mehr zu Gammastrahlen unter Punkt 4.4.).

## 3. Eigenschaften und Struktur Schwarzer Löcher

In der gegenwärtigen theoretischen Physik haben Schwarze Löcher maximal drei Eigenschaften, anhand derer sie beschrieben werden können: (1) Masse, (2) Rotation bzw. Drehimpuls und (3) Elektrische Ladung. In den nachfolgenden Ausführungen wird dabei nur auf die ers-

---

[29] Vgl. Salzmann, Wiebke: Entstehung und Lebensweg von Sternen, in: Wissenstexte Physik-Wissen, URL: http://www.physik.wissenstexte.de/sterne.htm (Stand: 23.01.2017)
[30] Ebd.
[31] Vgl. Sagan, a.a.O., S. 250.
[32] Vgl. Salzmann, a.a.O.
[33] Ebd.
[34] Vgl. Müller, Andreas: Gravitationskollaps, in: Spektrum der Wissenschaft. Lexikon der Astronomie, URL: http://www.spektrum.de/lexikon/astronomie/gravitationskollaps/152 (Stand: 23.01.2017)

ten beiden Eigenschaften und die daraus resultierende strukturelle Beschaffenheit eines Schwarzen Loches eingegangen.

## 3.1. Raumzeit

Stephen Hawking beschreibt ein Schwarzes Loch als eine Region der **Raumzeit**, aus der nichts, noch nicht einmal das Licht, entweichen kann, weil die Gravitation so stark ist.[35] Vor diesem Hintergrund soll zunächst der Begriff der Raumzeit kurz erläutert werden.

Der Begriff „Raumzeit“ ist ein Kunstwort, welches ein wesentliches Resultat der von Albert Einstein entwickelten Allgemeinen Relativitätstheorie (kurz: ART) ausdrückt: Danach sind Raum und Zeit keine Dimensionen mehr, die unabhängig voneinander sind. Stattdessen sind die Zeit- und die drei Raumkoordinaten eng miteinander verbunden und bilden eine vierdimensionale Raumzeit.[36] In der Raumzeit der ART lässt sich jedes Ereignis – also alles, was an einem bestimmten Punkt im Raum und zu einer bestimmten Zeit geschieht – durch vier Koordinaten eindeutig bestimmen.[37] Zugleich bezieht die ART die Gravitation in diese Beschreibung mit ein, indem sie erklärt, dass die Verteilung von Materie und Energie die Raumzeit verkrümme bzw. verzerre, so dass sie nicht flach ist.[38] Es fällt schwer, sich die Vier-Dimensionalität der Raumzeit und die Verkrümmung derselben durch Materie und Energie anschaulich vorzustellen. In vereinfachenden Abbildungen zu dieser Thematik wird deshalb eine Dimension weggelassen, meist die Zeitdimension. Nebenstehende Abbildung 4 zeigt eine solche vereinfachte Darstellung der Raumzeit nach Hawking – die sog. „Gummituchanalogie“.[39]

Die Raumzeit wird hier zunächst zweidimensional als ein „Gummituch“ dargestellt. Ohne Gravitation ist die Raumzeit flach wie eine Ebene. Legt man eine Kugel auf das Tuch, ruft dies eine Vertiefung in dem Tuch hervor und bewirkt so eine Krümmung in der Nähe der Kugel. Diese Verkrümmung führt dazu, dass kleinere Kugeln, die auf das Tuch rollen, sich nun nicht mehr gerade über das Tuch an der schwereren Kugel vorbei bewegen, sondern die schwere Kugel umkreisen, sich faktisch auf eine Umlaufbahn um diese Kugel begeben. Die durch Materie oder Energie gekrümmte Raumzeit führt folglich dazu, dass sich Objekt nicht mehr geradlinig durch den Raum bewegen, sondern ihre Bahnen relativ zueinander verbogen erscheinen.

*Abb. 4: Die „Gummituchanalogie“*

In diesem Sinn ist Gravitation keine Schwerkraft mehr, sondern wird zu einer geometrischen Eigenschaft der Raumzeit.[40] Sie beeinflusst nicht nur den Verlauf von Körpern oder Objekten, sondern auch den Verlauf von Lichtstrahlen.

---

[35] Vgl. Hawking: Das Universum in der Nussschale, München 2003, 6. Auflage 2012, Glossar.

[36] Vgl. Müller, Andreas: Astro-Wissen. Astrolexikon R2, URL: http://www.spektrum.de/astrowissen/lexdt_r02.html (Stand: 23.01.2017).

[37] Vgl. Hawking & Mlodinow, a.a.O., S. 44.

[38] Vgl. Hawking, a.a.O., S. 43.

[39] Ebd.

[40] Vgl. Müller, Andreas: Schwarze Löcher. Die dunklen Fallen der Raumzeit, Heidelberg 2010, S. 8.

### 3.2. Singularität

Singularitäten in der Physik bedeuten, dass eine physikalische Größe wie Druck, Temperatur oder Massendichte unendlich wird[41] - ein eigentlich nicht vorstellbarer Vorgang. Ein Schwarzes Loch wurde unter Punkt 3.1. als eine Region der Raumzeit beschrieben, aus der aufgrund der extrem hohen Gravitation nicht einmal mehr das Licht entweichen kann. Ein Schwarzes Loch ist also mit anderen Worten ein Objekt, welches aufgrund seiner extremen Masse und Dichte – die Masse des Schwarzen Loches wird sprichwörtlich auf einen Punkt komprimiert – eine solch starke Verkrümmung der Raumzeit hervorruft, dass es sprichwörtlich ein Loch in den Raum reißt (vgl. Abb. 5).

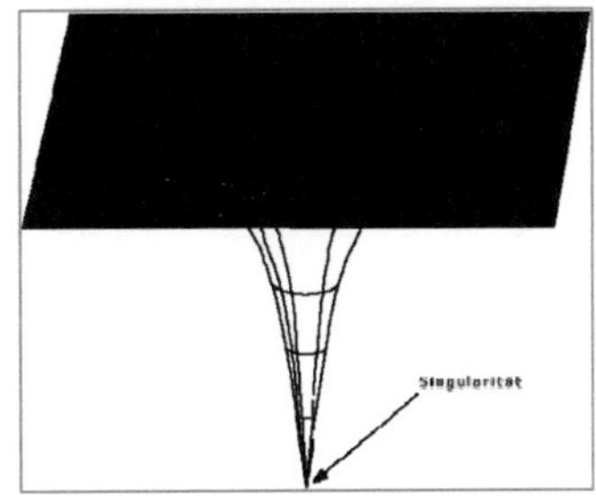

*Abb. 5: Singularität*

In der ART nennt man Schwarze Löcher deshalb **Singularitäten**. Es handelt sich dabei um Orte mit unendlicher Raumkrümmung und unendlicher Dichte der Materie, an denen die Zeit nicht mehr existiert. Die ganze Masse des Schwarzen Loches ist in einem Punkt konzentriert; die Gravitation ist in diesem Punkt so groß, dass die gesamte Materie in sich zusammenstürzt und sich in der Singularität konzentriert.[42] Physikalische Gesetze können auf eine solche Singularität nicht mehr angewandt werden.[43]

### 3.3. Ereignishorizont und Schwarzschild-Radius

Unter Punkt 3.1. wurde ausgeführt, dass die Krümmung der Raumzeit auch den Verlauf der Lichtstrahlen, die von einem Stern ausgehen, beeinflussen und diese Lichtstrahlen krümmen. Bei einem stabilen Stern kann das Licht von der Oberfläche des Sterns relativ unbeeinflusst in die Weiten des Alls „entkommen". Kollabiert ein Stern aber zur Größe Null und zu unendlicher Dichte, also zu einer Singularität, so verlaufen die Bahnen der Lichtstrahlen, die von der Oberfläche des Sterns ausgehen, in immer spitzeren Winkeln zum Stern, sie werden also mehr und mehr gekrümmt und können ab einem bestimmten Radius des Sterns die Oberfläche nicht mehr verlassen. Mit anderen Worten: das Licht verharrt in einem gleichbleibenden Abstand vom Stern und kann ihm nicht mehr entkommen.[44]

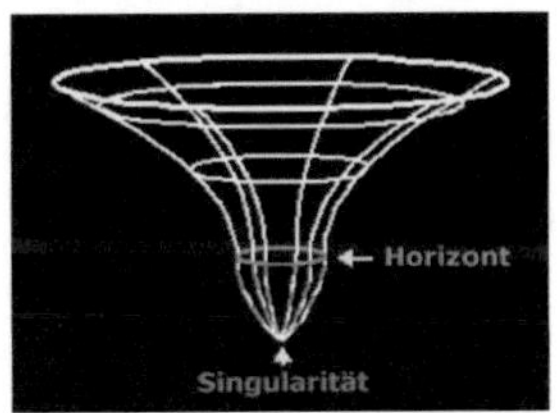

*Abb. 6: Singularität und Ereignishorizont*

Der Rand bzw. die Grenze eines Schwarzen Loches, ab dem bzw. ab der nichts mehr aus dem Schwarzen Loch entweichen kann, wird als sog. **Ereignishorizont** bezeichnet.[45] Der Begriff „Horizont" kommt aus dem Griechischen und bedeutet „begrenzender Kreis". Allgemein formuliert trennt der Horizont das Beobachtbare vom Unbeobachtbaren.[46] Der Ereignishorizont ist wie eine imaginäre Kugel, die das Schwarze Loch umschließt und aus der eine Rückkehr nach außen nicht mehr möglich ist.[47] Ein Beobachter, der sich außerhalb des

[41] Vgl. Müller, Andreas: Singularität, in: Spektrum der Wissenschaft. Lexikon der Astronomie, URL: http://www.spektrum.de/lexikon/astronomie/singularitaet/437 (Stand: 23.01.2017).
[42] Vgl. Schwarzes Loch, in: Wikipedia, URL: https://de.wikipedia.org/wiki/Schwarzes_Loch (Stand: 23.01.2017).
[43] Vgl. Faustmann: a.a.O., S. 71.
[44] Vgl. Hawking: a.a.O., S. 123.
[45] Vgl. Hawking: a.a.O., Glossar.
[46] Vgl. Müller, Andreas: Schwarze Löcher. Die dunklen Fallen der Raumzeit, Heidelberg 2010, S. 10.

Ereignishorizonts befindet, kann folglich nicht (mehr) sehen, was sich im Inneren des Schwarzen Loches verbirgt.

Der Radius des Ereignishorizonts wird als **Schwarzschild-Radius** bezeichnet.[48] Der Schwarzschild-Radius ist allein abhängig von der **Masse** eines Sterns. Generell gilt, dass der Schwarzschild-Radius eines Sterns, als der Radius, ab dem der Stern im Kollaps-Fall zu einem Schwarzen Loch wird, umso größer ist, je massereicher der Ausgangsstern ist.[49] Für ein Schwarzes Loch mit 10 Sonnenmassen würde der Schwarzschild-Radius 29,5 km betragen. Würde unsere Sonne zu einem Schwarzen Loch kollabieren – was aufgrund ihrer geringen Masse nur ein theoretisches Konzept ist – so betrüge ihr Schwarzschild-Radius gerade einmal 2,95 km.

## 3.4. Rotierende Schwarze Löcher

Der unter Punkt 3.3. beschriebene Fall eines statischen Schwarzen Lochs stellt zugleich den einfachsten Typ Schwarzer Löcher bzw. einen idealisierten Fall dar. In der Realität geht man davon aus, dass Schwarze Löcher, wie auch ihre Vorgängersterne, rotieren, sich also um sich selbst drehen. Bei der Definition rotierender Schwarzer Löcher wird also neben ihrer Masse auch ihr **Drehimplus**, der die Rotation der Masse festlegt, berücksichtigt.[50] Dieses Modell wurde erstmals 1963 durch den neuseeländischen Mathematiker Roy P. Kerr beschrieben und wird deshalb auch als sog. **Kerr-Lösung** bezeichnet.

Im Unterschied zur statischen Lösung weisen rotierende Schwarze Löcher zwei Ereignishorizonte aus – einen äußeren und einen inneren Horizont. Der äußere Horizont stellt dabei die Grenze des Schwarzen Lochs dar – den Anfang der Schwärze. Der innere Horizont stellt die Grenzfläche dar, ab deren Überschreiten eine Rückkehr aus dem Schwarzen Loch nicht mehr möglich ist – m.a.W.: Was in das Schwarze Loch fällt, kommt nie mehr heraus.[51]

Eine weitere Folge der Kerr-Lösung ist die Erkenntnis, dass ein rotierendes Objekt bzw. Schwarzes Loch die es umgebende Raumzeit mit sich schleppt und diese dadurch ebenfalls verzerrt.[52] Dieser Raum um das Schwarze Loche, der durch die Rotation des schwarzen Lochs faktisch ebenfalls in Rotation versetzt wird, wird als **Ergoregion** bezeichnet; die Grenze, ab der umliegende Objekte von der Rotation erfasst werden, als **Ergosphäre**.[53]

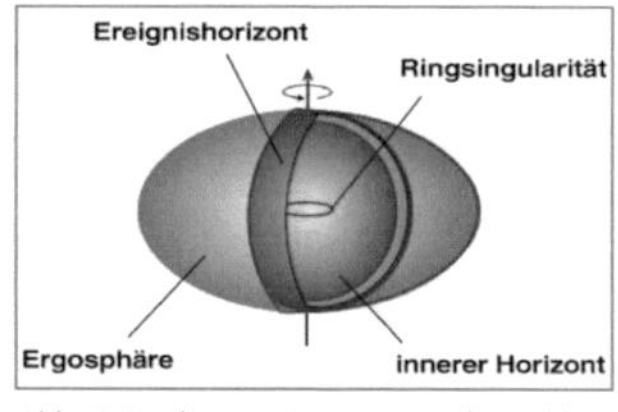


*Abb. 7: Strukturen eines Kerr-Loches inklusive Ergosphäre*

## 3.5. Akkretion

Die Gravitation und die Rotation des Schwarzen Loches führen dazu, dass umliegende Gas- und Staubteilchen angezogen werden. Das Schwarze Loch sammelt faktisch die es umgebende Materie auf; dieser Prozess wird als **Akkretion** bezeichnet.[54] Aufgrund der Rotation des

[47] Vgl. Faustmann: a.a.O., S. 71.
[48] Vgl. Faustmann, a.a.O., S. 38
[49] Auf die Darstellung und Erläuterung der Formel zur Ableitung des Schwarzschild-Radius soll und kann im Rahmen dieser Facharbeit nicht näher eingegangen werden.
[50] Vgl. Müller, Andreas: Schwarze Löcher. Die dunklen Fallen der Raumzeit, Heidelberg 2010, S. 16.
[51] Vgl. Müller, Andreas: Schwarze Löcher. Das dunkelste Geheimnis der Gravitation, a.a.O., Ziff. 6.1.
[52] Vgl. Faustmann, a.a.O., S. 55, 79.
[53] Vgl. Faustmann, a.a.O., S. 79.
[54] Vgl. Müller, Andreas: Schwarze Löcher. Die dunklen Fallen der Raumzeit, Heidelberg 2010, S. 33.

Schwarzen Loches bewegen sich die angezogenen Staub- und Gasteilchen auf Spiralbahnen um das Schwarze Loch herum. Es entsteht folglich eine spiralartige Struktur sich auf das Loch zubewegender Materie, die sog. **Akkretionsscheibe**[55], (vgl. auch Abb. 8).

Die Akkretion ist mit einer Reihe von Strahlungsprozessen verbunden. Das in der Akkretionsscheibe befindliche Material erhitzt sich durch Reibungseffekte auf einige Millionen Grad und gibt dadurch Wärmestrahlung insbesondere im Röntgenbereich ab, die von den Physikern auch als thermische Strahlung bzw. elektromagnetische Strahlung bezeichnet wird.[56]

Je weiter sich die Teilchen dem Schwarzen Loch nähern, umso stärker werden sie beschleunigt, bis sie schließlich – sobald sie den Ereignishorizont erreicht haben – in die Singularität fallen.

### 3.6. Materie-Jets

Im Schwarzen Loch verschwindet allerdings nicht die gesamte Materie der Akkretionsscheibe, ein Teil dieser Materie tritt wieder nach außen. Dieses Phänomen wird als **Materie-Jet** bezeichnet; dabei werden Gas- und Staubteilchen mit einer Geschwindigkeit von mehr als der halben Lichtgeschwindigkeit senkrecht zur Akkretionsscheibe bis zu Millionen von Lichtjahren weit in das All geschleudert[57] (vgl. Abb. 8).

Die Jets werden durch das intensive Magnetfeld verursacht, welches sich um ein rotierendes Schwarzes Loch bildet. Dieses Magnetfeld nimmt aufgrund der Rotation des Schwarzen Loches zugleich eine trichterförmige Struktur, ähnlich einem Tornadowirbel an, durch den elektrisch geladene Teilchen in zwei in entgegengesetzter Richtung gebündelten Strahlen in das All geschleudert werden. Bei nur langsam rotierenden Schwarzen Löchern ist der Jet nur schwach ausgebildet, bei schnell rotierenden Schwarzen Löchern wird dagegen etwa ein Viertel der einfallenden Materie wieder nach außen transportiert.[58]

*Abb. 8: Künstlerische Darstellung eines Schwarzen Loches mit Akkretionsscheibe und Materie-Jets*

## 4. Nachweis und Ortung schwarzer Löcher

### 4.1. Ausgangsproblem

Obwohl bisher noch kein Schwarzes Loch direkt beobachtet wurde, gehen die Astrophysiker von der Existenz dieser Phänomene aus, da es doch einige Anzeichen dafür gibt, dass Schwarze Löcher tatsächlich existieren. Diese Anzeichen leiten sich daraus ab, dass Schwarze Löcher in Wechselwirkung mit ihrer Umgebung stehen, sprich ihre Umgebung verheerend beeinflussen und verändern. Einige dieser Indikatoren für die Existenz eines Schwarzen Loches werden nachfolgend kurz vorgestellt.

---

[55] Vgl. Faustmann, a.a.O., S. 73.
[56] Müller, Andreas: Schwarze Löcher. Die dunklen Fallen der Raumzeit, Heidelberg 2010, S. 34.
[57] Vgl. Faustmann, a.a.O., S. 76.
[58] Vgl. Faustmann, a.a.O., S. 77.

## 4.2. Röntgenstrahlung

Die einfachste und wichtigste Methode stellt die Messung der Röntgenstrahlung dar, die durch den Vorgang der Akkretion von Materie ausgesendet wird. Voraussetzung hierfür ist, dass sich das Schwarze Loch in der Nähe eines anderen normalen Sterns (Hauptreihensterns) befindet bzw. beide Objekte einander umkreisen und sich durch die „Absaugung“ der Materie des Hauptreihensterns eine Akkretionsscheibe um das Schwarze Loch bilden kann.[59] Solche Systeme werden, da sie sehr viel Röntgenstrahlung erzeugen, auch als **Röntgendoppelstern** bezeichnet.

*Abb. 9: Künstlerische Darstellung von Cygnus X-1*

Bereits 1966, kurz nach der Entdeckung der ersten Röntgenquellen im All, begannen Astrophysiker mit der Forschung nach Röntgenstrahlen in solchen Doppelsternsystemen. Zur Strahlungsmessung werden heute sehr präzise Detektoren auf Satelliten verwendet. Mit Hilfe dieser Methode wurden bislang bereits recht viele Himmelskörper als Schwarze Löcher identifiziert, ein sehr bekanntes Schwarzes Loch ist das des Doppelsterns Cygnus X-1 (vgl. Abb. 9).

## 4.3. Kinematischer Nachweis

Sterne können viele Jahrzehnte lang auf stabilen Bahnen um Schwarze Löcher kreisen, ohne in sie hineinzustürzen. Schwarze Löcher sind also indirekt durch die Bahnen und die Geschwindigkeit der sie umkreisenden Sterne nachweisbar, m.a.W.: die Bewegung dieser Sterne wäre ohne die Annahme eines Schwarzes Loches nicht erklärbar. Nach dieser Methode wird im Inneren unserer Galaxie, der Milchstrasse, ein supermassereiches Schwarzes Loch vermutet, welches einen aktuellen Wert von ca. 3,6 Millionen Sonnenmassen besitzen soll und als Sagittarius A* bezeichnet wird.[60]

## 4.4. Strahlungsausbrüche

Die Entstehung eines Schwarzen Loches durch den Gravitationskollaps eines Sterns ist mit einer ungeheuren Explosion verbunden, einer Hypernova. Hierdurch werden regelrechte Gammastrahlenausbrüche bzw. –blitze (kurz GRB's) hervorgerufen (vgl. Punkt 2.4). Die Wellenlänge von Gammastrahlen ist extrem kurz, sie ist zudem noch energiereicher als Röntgenstrahlung. Gammastrahlung wird von hoch angeregten Atomkernen ausgesandt, sie verrät daher Kernreaktionen.[61] In der astronomischen Forschung steht ein Gammastrahlenausbruch deshalb für eine gewaltige Sternenexplosion – er signalisiert die Geburt eines Schwarzen Loches.[62]

*Abb. 10: Fermi-Weltraumteleskop*

---

[59] Vgl. Faustmann, a.a.O., S. 92.
[60] Vgl. Vgl. Müller, Andreas: Schwarze Löcher. Das dunkelste Geheimnis der Gravitation, a.a.O., Ziff. 9.4.
[61] Vgl. Müller, Andreas: Schwarze Löcher. Die dunklen Fallen der Raumzeit, Heidelberg 2010, S. 48.
[62] Ebd., S. 52.

Die Suche nach GRB's wird mittlerweile hochprofessionell betrieben. Mit dem in 2008 in Betrieb genommenen Fermi Gamma-Ray Space Telescope (FGST) werden gezielt Quellen hochenergetischer Gammastrahlen gesucht (vgl. Abb. 10).

## 5. Zusammenfassung und Ausblick

Schwarze Löcher stellen ein absolutes Faszinosum der Astrophysik dar. Zwar wurde der Begriff „Schwarzes Loch" erst 1967 geprägt, tatsächlich beschäftigen sich die Astronomen aber schon deutlich länger mit diesen mysteriösen Himmelsobjekten.

Bei dem Konzept bzw. der Idee der Schwarzen Löcher handelt es sich um ein Modell der modernen Physik, welches für die plausible Erklärung einer Vielzahl von astronomischen Beobachtungen nicht mehr wegzudenken ist. Lange Zeit handelte es sich um eine mathematische Kuriosität; viele Wissenschaftler glaubten lange nicht an die Existenz dieser Objekte. Selbst Albert Einstein, der mit seinen Arbeiten zur Allgemeinen Relativitätstheorie einen Grundstein für das heutige Verständnis Schwarzer Löcher schuf, war einer ihrer größten Gegner.[63]

Auch wenn ein endgültiger Beweis für die Existenz Schwarzer Löcher noch aussteht und weder Ereignishorizont noch Singularität bisher gesichert nachgewiesen werden konnten, so hat sich doch gezeigt, dass diese Objekte überall im Kosmos zu finden sein können. Schwarze Löcher geben bedeutende Aufschlüsse über die Geschichte des Universums und die Entstehung von Galaxien. Und es bleiben nach wie vor viele spannende Fragen offen!

---

[63] Vgl. Freistetter, Florian: Albert Einsteins schlechteste Arbeit. Schwarze Löcher gibt es nicht, in: ScienceBlogs, URL: http://scienceblogs.de/astrodicticum-simplex/2015/05/19/albert-einsteins-schlechteste-arbeit-schwarze-loecher-gibt-es-nicht-dunkle-sterne-06/?all=1 (Stand 23.01.2017).

## Literaturverzeichnis

Faustmann, Cornelia: Schwarze Löcher. Rätselhafte Phänomene im Welltall, Wien 2008.

Freistetter, Florian: Albert Einsteins schlechteste Arbeit. Schwarze Löcher gibt es nicht, in: ScienceBlogs, URL: http://scienceblogs.de/astrodicticum-simplex/2015/05/19/albert-einsteins-schlechteste-arbeit-schwarze-loecher-gibt-es-nicht-dunkle-sterne-06/?all=1 (Stand 23.01.2017).

Hawking, Stephen: Das Universum in der Nussschale, München 2003, 6. Auflage 2012 (engl. Original 2001).

Hawking, Stephen & Mlodinow, Leonhard: Die kürzeste Geschichte der Zeit, Reinbek bei Hamburg 2006, 8. Auflage 2015 (engl. Original 2005).

Müller, Andreas: Astro-Wissen. Astrolexikon R2, URL: http://www.spektrum.de/astrowissen/lexdt_r02.html (Stand: 23.01.2017).

Müller, Andreas: Gravitationskollaps, in: Spektrum der Wissenschaft. Lexikon der Astronomie, URL: http://www.spektrum.de/lexikon/astronomie/gravitationskollaps/152 (Stand: 23.01.2017)

Müller, Andreas: Schwarze Löcher. Das dunkelste Geheimnis der Gravitation, Web-Artikel in Astronomie Wisse, April 2007, URL: http://www.spektrum.de/astrowissen/astro_sl.html (Stand: 22.01.2017).

Müller, Andreas: Schwarze Löcher. Die dunklen Fallen der Raumzeit, Heidelberg 2010.

Müller, Andreas: Singularität, in: Spektrum der Wissenschaft. Lexikon der Astronomie, URL: http://www.spektrum.de/lexikon/astronomie/singularitaet/437 (Stand: 23.01.2017).

Sagan, Carl: Unser Kosmos. Eine Reise durch das Weltall, München 1989.

Salzmann, Wiebke: Entstehung und Lebensweg von Sternen, in: Wissenstexte Physik-Wissen, URL: http://www.physik.wissenstexte.de/sterne.htm (Stand: 23.01.2017)

## Weitere Internet-Quellen

Kosmologie für Eilige, URL: http://kosmologie.fuer-eilige.de/schwarzes loch.htm (Stand: 22.01.2017).

Schwarzes Loch, in: Wikipedia, URL: https://de.wikipedia.org/wiki/Schwarzes_Loch (Stand: 23.01.2017).

## Abbildungsnachweis

Abb. 1: URL: https://de.wikipedio.org/wiki/wasserstoffbrennen (Stand: 23.01.2017)

Abb. 2: Müller, Andreas: Schwarze Löcher. Die dunklen Fallen der Raumzeit, Heidelberg 2010, S. 25

Abb. 3: Salzmann, Wiebke: Entstehung und Lebensweg von Sternen in: Wissenstexte Physik-Wissen, URL: http://www.physik.wissenstexte.de/sterne.htm (Stand: 23.01.2017)

Abb. 4: Hawking, Stephen: Das Universum in der Nussschale, München 2012, S. 42

Abb. 5: URL: http://www.zamandayolculuk.com/html-1/warpwurmlochher.htm (Stand: 23.01.2017)

Abb. 6: URL: http://abenteuer-universum.de/stersterne/bl4.html (Stand: 23.01.2017)

Abb. 7: URL: http://www.spektrum.de/astrowissen/lexdt_e05.html (Stand: 23.01.2017)

Abb. 8: URL: http://www.pro-physik.de/details/news/1111615/Schwarze_Loecher_Aus_zwei_mach_eins.html (Stand: 23.01.2017)

Abb. 9: URL: http://scienceblogs.de/astrodicticum-simplex/2011/11/23/das-schwarze-loch-von-cygnus-x1/ (Stand: 23.01.2017)

Abb. 10: URL: http://www.romtd.com/herzlichen-gluckwunsch-an-das-fermi-weltraumteleskop-der-nasa-deren-aufgabe-auch-spricht-italienisch/ (Stand: 23.01.2017)